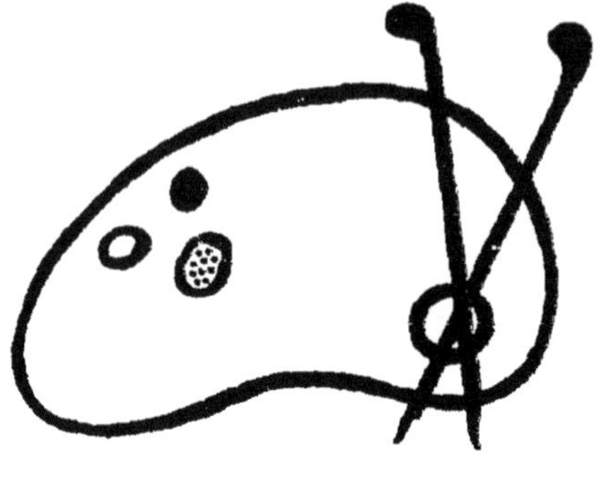

Original en couleur

NF Z 43-120-8

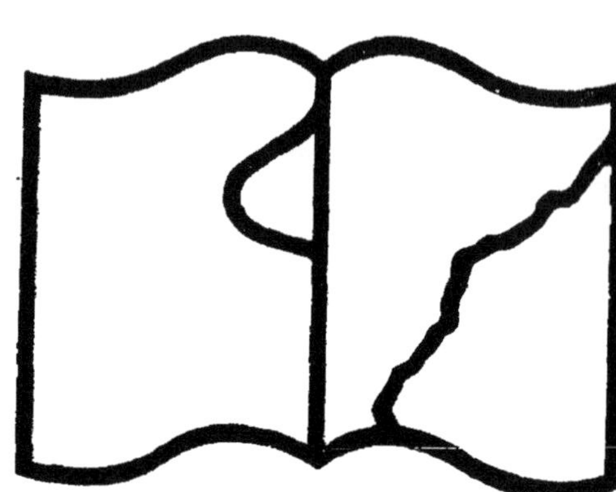

Texte détérioré — reliure défectueuse

NF Z 43-120-11

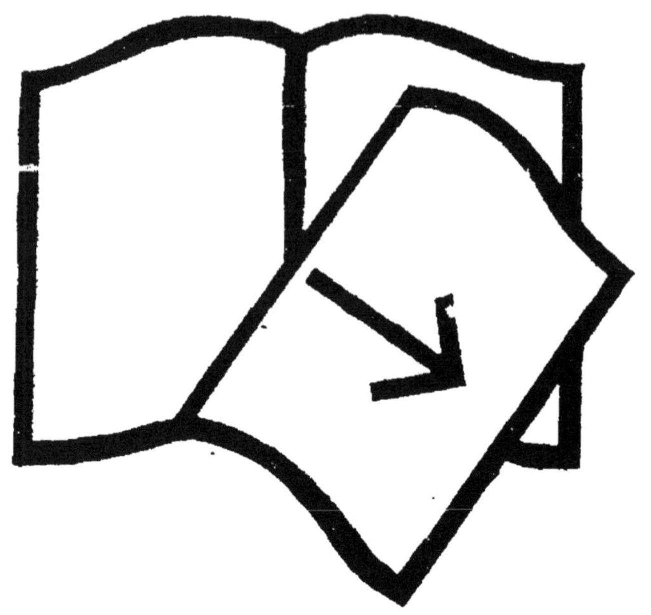

Couverture inférieure manquante

LES PRINCIPES FONDAMENTAUX DE L'ÉNERGÉTIQUE ET LEUR APPLICATION AUX PHÉNOMÈNES CHIMIQUES;

PAR M. HENRY LE CHATELIER.

Le *développement* de la Thermo*dynamique*, au moins à ses débuts, s'est effectué en partant de deux points de vue essentiellement différents, qui font encore l'un et l'autre sentir leur influence contradictoire dans l'enseignement de cette science.

Sadi Carnot, Mayer, Helmholtz ont pris comme point de départ la généralisation du principe de l'impossibilité du mouvement perpétuel. Ils ont admis que, chaque fois que du travail était produit, il fallait que quelque autre chose fut définitivement consommé, et en cherchant ce qui pouvait bien être ainsi consommé dans la production du travail aux dépens de la chaleur, ils ont trouvé : Sadi Carnot une consommation de différence de température, c'est-à-dire un rétablissement d'équilibre calorifique et Mayer une *consommation de quantité de chaleur*.

Mais ce point de vue essentiellement philosophique fut bientôt abandonné, et Thomson, Clausius, Rankine, les véritables fondateurs de la Thermodynamique moderne, prirent comme point de départ une hypothèse relative à la nature de la chaleur. Cette méthode d'exposition a été à son tour, il est vrai, abandonnée au moins en principe; on proclame aujourd'hui que la Thermodynamique est *fondée* sur un certain nombre de lois expérimentales indépendantes de toute hypothèse, mais en pratique on n'est pas arrivé à se débarrasser de l'hypothèse initiale qui reste toujours sous-entendue et reparaît même parfois ouvertement, par exemple avec la notion d'*énergie*.

Cette notion d'énergie, autour de laquelle gravitent aujourd'hui tous les développements de la Thermodynamique, est, en raison de son défaut d'objectivité, une cause de grande obscurité quand on veut l'envisager indépendamment des hypothèses qu'elle était destinée primitivement à exprimer. L'objet de la tentative faite ici est de faire disparaître de la Thermodynamique les derniers vestiges de ces hypothèses. Pour cela, je ferai complètement abstraction de la notion d'énergie et ferai reparaître systématiquement en son lieu et place la notion d'une réalité bien plus concrète de *puissance motrice* vers laquelle Sadi Carnot avait tout d'abord fait converger la nouvelle science de la chaleur.

Enfin, j'insisterai, plus qu'on ne le fait habituellement, sur les analogies de tous les phénomènes naturels (calorifiques, électriques, chimiques, mécaniques). Cela est indispensable pour la claire compréhension des phénomènes chimiques, qui sont plus spécialement visés dans cette étude ; cela est aussi plus conforme à la réalité des faits dans lesquels la chaleur et le travail ne s'isolent pas des autres phénomènes similaires, comme le laisserait supposer l'exposé classique de la Thermodynamique. C'est pour accuser ce point de vue que l'expression d'*Énergétique* proposée par Rankine a *été* substituée à celle de *Thermodynamique* plus usuelle aujourd'hui, au moins en France.

I.

LOIS DE L'ÉNERGÉTIQUE.

De la puissance motrice et de ses échanges. — Un examen même très superficiel de la plupart de nos opérations industrielles (production du travail, de l'électricité, etc., par les chutes d'eau, par les machines à vapeur, par les moteurs à gaz, par les piles, etc.), montre que ces opérations peuvent se décomposer en deux parties bien distinctes et même opposées : développement d'un premier phénomène qui pourrait se produire spontanément et indépendamment du second (descente de l'eau, chute de chaleur du foyer au condenseur, combustion des gaz, dissolution du zinc dans l'acide) et d'un second phénomène (élévation d'un poids, compression d'un gaz, charge d'un accumulateur) qui présente le double caractère suivant : d'abord de ne pouvoir se produire indépendamment du premier phénomène, et, en outre, de pouvoir, une fois produit, changer spontanément de sens, se produire en sens inverse de façon à jouer alors le même rôle que le premier phénomène envisagé. Dans toutes les opérations semblables, il y a échange entre deux systèmes de corps en présence d'une certaine propriété qui est perdue par l'un des systèmes et gagnée par l'autre : *celle de pouvoir se transformer directement, soit isolément, soit en provoquant dans un autre système une transformation inverse. Cette propriété sera appelée puissance motrice* [1]; sa notion comprend à la fois une idée de causalité et une idée de réciprocité.

Les exemples cités ici font déjà entrevoir que la puissance motrice n'est pas seulement une qualité vague et indéterminée, mais bien une grandeur mesurable. On le démontrera plus loin d'une façon rigoureuse.

Des diverses espèces de puissance motrice. — Une revue rapide de quelques-uns des changements des corps susceptibles de développer de la puissance motrice achèvera de préciser la notion de puissance motrice et montrera les différents aspects sous lesquels elle se manifeste.

Travail. — Chutes d'eau, accumulateurs hydrauliques, travail musculaire, détente des gaz, etc.

Force vive. — Vitesse du vent ou des cours d'eau, choc des projectiles, régulateurs à force centrifuge, etc.

Chaleur. — Machines à vapeur, piles thermoélectriques, etc.

Électricité. — Électrolyse, transport électrique de la force, etc.

Réactions chimiques. — Moteur à gaz tonnant, piles, explosifs, etc.

De la destruction de la force motrice. — Les transformations spontanées d'un système, lorsqu'elles se produisent isolément sans provoquer dans un autre système une transformation inverse, amènent une destruction de force motrice, puisque le système considéré perd la sienne sans qu'aucun autre en gagne simultanément. Ces destructions de puissance motrice très nuisibles dans toutes les opérations industrielles ont été depuis longtemps

---

[1] Il peut être utile de rappeler la synonymie très nombreuse de cette expression. Il y a identité absolue de signification dans les termes suivants : Puissance motrice (Sadi Carnot); Force (S. Robert); Power of working (Tait); Motivity (Thomson); Available energy (Maxwell); Kraft (Mayer); Freie energie (Helmholtz). Les formules algébriques suivantes : Fonctions caractéristiques (Massieu); Potentiel thermodynamique (Gibbs, Duhem, Natanson, etc.) en expriment la mesure. Enfin, souvent l'expression d'Énergie et parfois aussi celle de Travail sont employées à tort dans le même sens.

étudiées; elles se rattachent aux phénomènes suivants, réunis sous la dénomination générale de *résistances passives.*

Frottement pour le travail et la force vive.

Chute de chaleur par conductibilité ou rayonnement.

Résistance des conducteurs dans la propagation de l'électricité.

De l'équilibre et de la réversibilité. — Entre les transformations spontanées directes qui développent de la puissance motrice et les transformations inverses qui en absorbent, on conçoit sans peine l'existence d'une catégorie de transformations qui ne se produisent pas spontanément et, par suite, ne fournissent pas de puissance motrice, mais dont la production dans l'un ou l'autre sens n'exige qu'une dépense infiniment petite de puissance motrice. Tel sera le cas d'un système composé de deux corps identiques suspendus aux extrémités des bras d'une balance, qui ne se déplacera pas de lui-même, mais pourra être déplacé dans un sens ou dans l'autre avec une dépense très petite de puissance motrice; il suffit d'une surcharge de l'un des corps, égale seulement au millionième de son poids, pour faire pencher la balance. En fait, les résistances passives de nos machines ne nous permettent jamais de réaliser aucune transformation avec une consommation rigoureusement nulle de puissance motrice, mais en les perfectionnant de plus en plus, nous pouvons de plus en plus approcher d'un semblable résultat, assez, en tous cas, pour concevoir facilement des machines idéales rigoureusement parfaites à l'aide desquelles certains systèmes pourraient être transformés dans un sens ou dans le sens opposé sans dépense de puissance motrice. Toute transformation semblable est dite *réversible;* l'état d'un système qui ne peut pas se transformer spontanément, mais peut être transformé d'une façon réversible est dit un état *d'équilibre.* On voit, d'après cette définition, qu'il est impossible de parler d'état d'équilibre sans spécifier la transformation que l'on vise; deux corps de même poids suspendus aux deux extrémités d'une balance seront en équilibre mécanique; ils pourront ne pas être en équilibre calorifique ou électrique, c'est-à-dire ne pas avoir la même température ou la même tension électrique.

Des machines et de l'isolement des systèmes matériels. —

Dans les exemples rappelés précédemment du travail fourni par les machines à vapeur, les chutes d'eau, etc., on n'a envisagé que les corps qui éprouvent un changement définitif : l'eau qui est tombée, la chaleur qui est passée du foyer au condensateur, l'accumulateur qui s'est chargé ; on a fait abstraction des corps intermédiaires, des machines dont l'intervention est cependant absolument nécessaire pour mettre en relation les systèmes qui échangent leur puissance motrice (la roue hydraulique, la chaudière et le cylindre à vapeur, la dynamo, etc.). Le caractère essentiel des machines est de revenir, après avoir coopéré à certaines transformations, à un état final identique à leur état initial, de telle sorte qu'elles peuvent recommencer le même cycle d'opérations et servir ainsi à des échanges indéfinis de puissance motrice. Les corps, machines véritables ou autres, qui reviennent ainsi à un état final identique à leur état initial, c'est-à-dire qui décrivent ce que l'on appelle un cycle fermé de transformations, jouent un rôle capital dans les raisonnements de la Thermodynamique, c'est Sadi Carnot qui a le premier signalé l'importance de leur intervention.

Les machines ne servent pas seulement à transporter la puissance motrice d'un corps à un autre, elles ont encore pour objet de la transformer d'une espèce dans une autre (puissance calorifique en puissance mécanique dans la machine à vapeur, etc.). Les phénomènes élémentaires qui concourent à ces transformations sont, malgré la multiplicité apparente de nos machines industrielles, extrêmement peu nombreux.

La transformation réciproque de la *chaleur* en *travail* s'obtient par les phénomènes élastiques (changement de volume des corps), de la *chaleur* en *électricité* par les phénomènes thermoélectriques, de l'*électricité* en *travail* par les phénomènes électromagnétiques (déplacement d'un conducteur dans un champ magnétique) ; la transformation réciproque du travail en force vive et celle de la puissance chimique en travail, chaleur, électricité se fait dans l'intérieur même des systèmes matériels qui se transforment sans l'intervention d'aucune machine extérieure.

Au mode d'intervention des machines se rattache une notion d'une importance capitale, celle de l'*isolement* des systèmes matériels. Dans le cas de la machine à vapeur qui transforme de la puissance calorifique en travail, qui élève de l'eau avec une pompe par exemple, les phénomènes calorifiques se produisent entre le foyer, le condenseur et la vapeur : il n'y a aucun échange de chaleur avec l'eau élevée par la pompe. On dira que le système complexe foyer, condenseur, vapeur, est isolé thermiquement parce qu'il ne cède de chaleur à aucun corps extérieur (en faisant abstraction des pertes de chaleur par rayonnement qui sont censées ne pas exister dans la machine idéale que l'on considère). De même, le système complexe eau, terre, vapeur avec les pompes, cylindres et organes de transmission constitue un système isolé mécaniquement. Mais en tenant compte de ce que la machine revient finalement à son état initial et par suite n'a rien gardé de la puissance motrice qu'elle a reçue transitoirement, on pourra étendre cette définition de l'isolement en faisant abstraction des machines ; on considérera le foyer et le condenseur comme isolés calorifiquement, l'eau et la terre comme isolées mécaniquement, bien qu'ils aient échangé, les uns de la chaleur, les autres du travail avec la machine intermédiaire.

On appellera donc *partiellement isolé* au point de vue d'une puissance motrice d'une nature déterminée tout système qui n'aura pas échangé avec l'extérieur de la puissance motrice considérée ou ne l'aura fait qu'avec des corps revenus finalement à leur état initial, sans que ceux-ci aient fait non plus pendant la suite de leurs transformations d'échange semblable avec aucun autre corps extérieur.

On appellera *totalement isolé* tout système qui n'aura échangé avec l'extérieur *aucune espèce* de puissance motrice ou ne l'aura fait qu'avec des machines qui n'auront à aucun moment fait de semblables échanges avec l'extérieur.

Ces notions générales et les définitions qui s'y rattachent étaient indispensables à rappeler parce qu'il en sera fait un usage fréquent dans l'exposé des lois fondamentales de l'énergétique, c'est-à-dire des lois qui président aux transformations de la puissance motrice.

On peut, dans l'étude de ces lois, se placer à deux points de vue différents : s'attacher de préférence à suivre les transformations des systèmes matériels qui fonctionnent comme machines, c'est-à-dire servent aux transformations de la puissance motrice, mais ne la créent ni ne la consomment : c'est la marche aujourd'hui la plus usitée en Thermodynamique; on peut au contraire faire abstraction des machines et ne se préoccuper que des systèmes matériels qui dépensent et consomment la puissance motrice. C'est la marche qui sera suivie ici parce qu'elle conduit plus directement aux applications pratiques, ou tout au moins à celles de ces applications qui concernent les phénomènes chimiques.

Nous distinguerons trois lois fondamentales de l'Énergétique qui présentent ce caractère commun d'être d'ordre purement expérimental, mais en même temps d'être d'une observation assez simple pour pouvoir être reconnues indépendamment de toute expérimentation scientifique. Cette dernière n'intervient que pour fixer certaines relations numériques qui précisent la portée des lois fondamentales.

Ces lois sont les suivantes :

Première loi. — *Conservation de la capacité de puissance motrice.*

Deuxième loi. — *Conservation de la puissance motrice.*

Troisième loi. — *Conservation de l'énergie.*

PREMIÈRE LOI.

CONSERVATION DE LA CAPACITÉ DE PUISSANCE MOTRICE.

Cette loi est le résumé d'une série de lois partielles connues depuis longtemps, mais dont les analogies avaient été jusqu'ici méconnues. On peut en donner l'énoncé général suivant :

Principe expérimental. — *Un système matériel partiellement isolé ne peut dépenser à l'extérieur de la puissance motrice sans que deux au moins de ses parties arrivent à un état final différent de leur état initial après avoir éprouvé des changements de même espèce.*

Dans cet énoncé l'isolement partiel s'applique à la puissance motrice qui s'est modifiée définitivement dans le système considéré.

Voici quelques-uns des faits expérimentaux que résume cette loi :

Puissance calorifique. — Échange de chaleur entre le foyer et le condenseur dans la machine à vapeur, entre les deux soudures dans la pile thermoélectrique. Il faut toujours l'intervention de deux sources de chaleur au moins dont l'une perd de la chaleur et l'autre en gagne.

Puissance électrique. — Variations corrélatives des électricités dites négatives et positives. Il y a toujours au moins deux corps dont l'état électrique se modifie simultanément.

Force vive, travail. — Déplacement simultané des différents corps qui s'attirent, changement simultané de vitesse des corps qui se choquent.

Cette loi générale conduit, comme M. G. Mouret (1) l'a fait voir dans le cas particulier de la chaleur, à une conséquence très importante qui peut être généralisée à toutes les puissances motrices et qui est la suivante :

Dans tout échange de puissance motrice effectué par voie réversible, il existe entre la grandeur des changements corrélatifs de même nature une relation nécessaire indépendante des états intermédiaires de la transformation et des machines mises en œuvre. Il est toujours sous-entendu qu'il s'agit d'un système partiellement isolé, c'est-à-dire que le système considéré comprend tous les corps sans aucune exception qui éprouvent des changements corrélatifs de même espèce.

On le démontre en employant le raisonnement bien connu de Sadi Carnot qui consiste à faire deux opérations inverses de manière à ramener l'un des corps à son état initial; le second doit aussi y revenir, sans quoi on aurait réussi à modifier un seul des corps en présence, ce qui est contraire au principe général admis comme point de départ.

On peut encore énoncer cette loi en disant que *dans toute dépense de puissance motrice par voie réversible il y a une fonction des changements corrélatifs de même nature qui reste constante.* Il faut demander à l'expérimentation scientifique la détermination de cette fonction dont la connaissance achèvera de

---

(1) G. Mouret, *Sadi Carnot et la Science de l'énergie* (*Revue générale des Sciences*; 1892).

préciser le sens de la loi générale qui avait pu être déduite de la simple observation des faits. On obtient ainsi les relations suivantes bien connues :

Travail (Newton). — Conservation du centre de gravité

$$m\,dl + m'dl' + \ldots = 0.$$

Force vive (Descartes). — Conservation de la quantité de mouvement

$$m\,du + m'du' + \ldots = 0.$$

Élasticité. — Conservation du volume

$$dv + dv' + \ldots = 0.$$

Électricité (Faraday). — Conservation de la quantité d'électricité

$$di + di' + \ldots = 0.$$

Toutes ces relations dont l'existence a été démontrée *a priori* nécessaire dans le cas des transformations réversibles se trouvent encore être exactes dans le cas des transformations irréversibles.

Il n'en est plus de même pour la chaleur qui constitue ainsi une exception parmi les diverses espèces de puissance motrice.

Chaleur (Clausius). — Conservation de l'entropie,

$$\frac{dq}{t} + \frac{dq'}{t'} + \ldots = 0.$$

On vient d'établir que dans tout échange réversible de chaleur entre deux sources à des températures différentes, à toute quantité de chaleur échangée par une des sources correspond une quantité de chaleur échangée par l'autre source déterminée entièrement, c'est-à-dire ne dépendant que de la température des sources et de la quantité de chaleur échangée par la première source, mais indépendante des intermédiaires mis en œuvre dans la transmission de chaleur. D'autre part, d'après le mode de fonctionnement des machines, il est bien évident que les quantités de chaleur échangée par chaque source varient proportionnellement l'une à l'autre. On pourra donc convenir de prendre comme définition et mesure de la température absolue les quantités correspondantes de chaleur échangées dans une même opération réversible. Cette convention se traduit, en tenant compte de la proportionnalité qui existe entre les quantités de chaleur échangées dans différentes opérations, par l'égalité ci-dessus.

Pour établir la relation qui existe entre les températures absolues ainsi définies et les températures usuelles mesurées sur le thermomètre à air, on emploiera pour l'utilisation de la puissance motrice de deux sources une machine à gaz parfaits à laquelle on fera décrire un cycle composé de deux isothermes et de deux échauffements à volume constant, en se servant pour les calculs des données numériques fournies par les expériences de Joule, Regnault, etc. sur les chaleurs spécifiques et chaleurs de détente des gaz parfaits. On est conduit ainsi à une relation identique à celle qui exprime la conservation de l'entropie; on en conclut que les températures thermodynamiques sont *pratiquement* identiques aux températures absolues du thermomètre.

Cette relation, démontrée dans le cas des transformations réversibles, ne se vérifie plus dans les transformations irréversibles. Ainsi, il est bien évident que dans la chute de chaleur par conductibilité d'un corps chaud à un corps froid, on a

$$\frac{dq}{t} + \frac{dq'}{t'} > 0.$$

Il y a intérêt pour la facilité du langage, de réunir sous une dénomination commune toutes ces grandeurs dont la variation individuelle est indispensable au développement de la puissance motrice, mais dont la somme totale reste invariable. On peut adopter l'expression de *capacité* (Inhalt, Capacität), proposée par MM. Meyerhoffer et Ostwald, qui rappelle les analogies de ces grandeurs avec l'une d'entre elles, le volume qui est la capacité de puissance motrice des phénomènes élastiques.

La loi de conservation des capacités a été établie dans le cas de systèmes partiellement isolés; on peut partir de là pour une nouvelle généralisation de l'expression d'isolement partiel et l'étendre à tous changements d'un système qui s'effectuent sans variation de capacité.

DEUXIÈME LOI.

CONSERVATION DE LA PUISSANCE MOTRICE.

Le principe expérimental qui sert de base à cette loi n'est que la généralisation du principe mécanique de l'impossibilité du mouvement perpétuel. On peut, sous sa forme la plus brève, l'énoncer ainsi :

PRINCIPE EXPÉRIMENTAL. — *Il est impossible de créer de la puissance motrice.*

Cet énoncé veut dire que, toutes les fois qu'un système de corps acquiert la propriété de se transformer spontanément et par suite de pouvoir développer de la puissance motrice, un autre système a dû perdre la même propriété. Le fonctionnement de toutes nos machines sans aucune exception vérifie ce principe ; son exactitude est surtout démontrée par ce fait que les tentatives innombrables des inventeurs ayant pour objet de le mettre en défaut ont toutes échoué.

On déduit de ce principe expérimental une première conséquence relative aux phénomènes réversibles qui constitue ce que l'on doit appeler la loi de Sadi Carnot.

La puissance motrice échangée par voie réversible avec l'extérieur par un système partiellement isolé ne dépend que de l'état initial et de l'état final de ce système; elle est indépendante de ses états intermédiaires et des machines mises en œuvre.

C'est-à-dire que les changements d'un système extérieur donné corrélatifs d'un même changement du système considéré seront dans tous les cas identiques. On le démontrera dans le cas des transformations réversibles par le raisonnement bien connu de Carnot, en invoquant l'existence établie précédemment d'une relation nécessaire entre les changements corrélatifs qui se produisent (conservation de l'entropie, par exemple, dans les échanges de chaleur). Le raisonnement est indépendant, comme l'a fait remarquer M. G. Mouret, de la nature de la relation en question, il suffit seulement qu'elle existe. C'est pour cela qu'on arrive au même résultat, en partant, comme l'avait fait Sadi Carnot, de l'hypothèse inexacte de la conservation du calorique, ou en partant, comme on le fait aujourd'hui, du principe d'équivalence. On se reportera pour la démonstration complète au travail déjà cité de M. G. Mouret.

Cette loi constitue un premier acheminement vers la mesure de la puissance motrice; elle montre que c'est une grandeur dont la variation est déterminée exclusivement par les états extrêmes entre lesquels le système considéré a changé.

La loi de Carnot conduit à cette seconde conséquence : *deux changements réversibles déterminés de deux systèmes qui se sont montrés équivalents au point de vue de la production de la puissance motrice dans une certaine condition le seront encore dans toutes les autres.* C'est-à-dire, par exemple, qu'une machine à vapeur et un accumulateur, supposés, bien entendu, sans résistances passives, qui, pour une chute donnée de chaleur et d'électricité, auront élevé un même poids à une même hauteur, produiront encore des effets identiques dans toutes les circonstances où on les utilisera parallèlement, ainsi produiront une même charge électrique d'un condensateur, décomposeront par électrolyse une même quantité d'eau. La démonstration résulte immédiatement de ce que l'effet produit par un changement donné d'un système est indépendant des états intermédiaires et des machines mises en œuvre. Pour électrolyser l'eau par exemple, on pourra commencer par transformer les deux quantités de puissance motrice disponibles en travail, dont la grandeur, d'après l'hypothèse, sera la même dans les deux cas. En appliquant ensuite ces deux quantités de travail identiques à électrolyser de l'eau par l'intermédiaire d'une dynamo, il est bien évident que le résultat sera le même dans les deux cas.

Cette loi d'*équivalence* fait faire un second pas vers la mesure de la puissance motrice; elle montre que l'on peut définir, repérer la puissance motrice développée dans un changement donné d'un système de corps par un quelconque des effets réversibles qu'elle est susceptible de produire, par exemple en indiquant le nombre de kilogrammes qu'elle pourrait élever à 1^{m} de hauteur.

Pour arriver à la mesure définitive de la puissance motrice, il ne reste plus qu'à montrer que c'est une grandeur *additive*, c'est-à-dire que deux sources de puissance motrice identiques produiront un effet double d'une seule d'entre elles. Cela est évident d'après le fonctionnement de toutes nos machines; on peut donc dire qu'une source de puissance motrice qui produit un effet double d'une autre, qui élève un nombre double de kilogrammes à 1^m de hauteur, développe une puissance motrice double. Le nombre de kilogrammètres produits mesure donc bien la grandeur de la puissance motrice développée.

La marche suivie ici est identique à celle que l'on emploie pour définir et mesurer toutes les grandeurs physiques : la force, la masse, la quantité de chaleur, la quantité d'électricité, etc., pour lesquelles on commence par établir la propriété d'équivalence et celle d'additivité.

Expression de la puissance motrice. — La définition et la mesure de la puissance motrice étant ainsi données, on peut chercher par voie expérimentale la relation qui existe entre la grandeur de cette puissance motrice exprimée au moyen de son unité le kilogrammètre et les grandeurs des changements du système de corps qui la développe, exprimés au moyen de leurs unités particulières. On trouve ainsi les relations suivantes à un coefficient numérique près dépendant du choix des unités :

Travail............. $fm\,dl + f'm'\,dl' + \ldots$

d'après les expériences faites sur le levier, la poulie

Force vive........... $um\,du + u'm'\,du' + \ldots$

d'après les expériences sur la chute des corps;

Élasticité............ $p\,dv + p'\,dv' + \ldots$

comme pour le travail mécanique;

Électricité........... $e\,di + e'\,di' + \ldots$

d'après les expériences sur la transformation de l'électricité en travail au moyen des dynamos et d'expériences analogues;

Chaleur............. $dq + dq' + \ldots$

que l'on peut encore écrire, en multipliant et divisant chaque terme par t,

$$t\frac{dq}{t}+t'\frac{dq'}{t'}+\ldots,$$

d'après les expériences sur la détente isotherme des gaz parfaits qui ont déjà servi à établir le principe de conservation de l'entropie.

On remarquera que, dans tous les cas, l'expression de la variation de puissance motrice peut se mettre sous la forme d'une somme de termes se rapportant chacun à un seul des corps du système, chacun de ces termes étant un produit de deux facteurs dont l'un, d'après la définition donnée précédemment, est une variation de *capacité* de puissance motrice et l'autre (force, vitesse, tension élastique, température, tension électrique) joue un rôle analogue à celui de la force dans le travail mécanique. On peut réunir ces grandeurs analogues sous la dénomination commune de *tension* de puissance motrice, par analogie avec l'une d'entre elles, la tension élastique.

Les expressions ci-dessus de la puissance motrice peuvent, en tenant compte de la loi de conservation des capacités de puissance motrice, être mises sous une forme plus avantageuse pour les applications numériques, que l'on obtient en faisant disparaître par une simple élimination la variation de capacité d'un des corps en présence :

Travail.............	$(f'-f)m'\,dl'+(f''-f)m''\,dl''+\ldots$
Force vive..........	$(u'-u)m'\,du'+(u''-u)m''\,du''+\ldots$
Élasticité....	$(p'-p)\,dv'+(p''-p)\,dv''+\ldots$
Électricité..........	$(e'-e)\,di'+(e''-e)\,di''+\ldots$
Chaleur.............	$(t'-t)\frac{dq'}{t'}+(t''-t)\frac{dq''}{t''}$

Ces formules ne renferment que des tensions relatives (vitesses relatives, tensions électriques relatives) qui, dans bien des cas, sont les seules que nous sachions mesurer. Les vitesses absolues, tensions électriques absolues, nous échappent jusqu'ici totalement.

Dans le cas où l'on prend les unités usuelles du kilogrammètre, de la calorie et du joule, les coefficients numériques par lesquels il faut multiplier ces expressions de la puissance motrice pour avoir leur valeur en kilogrammètres sont :

Équivalent mécanique de la chaleur 425
Équivalent mécanique de l'électricité 0,102

Quand un système éprouve des transformations simultanées de différentes natures, on démontre facilement que sa variation totale de puissance motrice est égale à la somme des variations de puissance que produirait isolément chacun des changements considérés.

Les deux dernières conséquences que l'on peut déduire du principe de l'impossibilité de créer de la puissance motrice et qui constituent à proprement parler la loi de conservation de la puissance motrice sont les suivantes :

1° *La variation de puissance motrice d'un système partiellement isolé qui revient à son état initial après une série de transformations réversibles est nulle.* — Cela résulte de ce que cette puissance motrice étant indépendante de la série des transformations par lesquelles se fait le passage de l'état initial à l'état final est le même que si le système avait tout le temps conservé son état initial sans aucun changement, conditions dans lesquelles le développement de puissance motrice serait évidemment nul.

2° *La variation de puissance motrice d'un système totalement isolé qui éprouve une transformation réversible quelconque est nulle.* — S'il n'en était pas ainsi, si la somme algébrique des variations de puissance motrice des diverses parties du système n'était pas nulle, on pourrait ramener le système considéré à son état initial en produisant au dehors de la puissance motrice, ce qui serait contraire au principe général, car on serait arrivé à accumuler de la puissance motrice dans un système extérieur sans aucune dépense corrélative.

TROISIÈME LOI.

CONSERVATION DE L'ÉNERGIE.

Principe expérimental. Il est impossible de détruire de la puissance motrice sans créer de la chaleur. — C'est là un fait banal d'expérience reconnu tout d'abord par Rumford et Davy dans la destruction du travail mécanique; par Joule dans la destruction de la puissance électrique (échauffement des fils); de la force vive (échauffement des corps par le choc). Dans le cas de puissance motrice mettant en jeu des phénomènes calorifique, il faut préciser un peu plus l'énoncé de ce principe pour distinguer la part de la chaleur dont la création peut être attribuée à la destruction de la puissance motrice. On peut énoncer ainsi ce principe d'une façon rigoureuse : *il est impossible de ramener à son état initial un système de corps qui a éprouvé une transformation irréversible sans lui fournir de la puissance motrice et lui enlever de la chaleur*. C'est-à-dire qu'il ne suffit pas de lui restituer une certaine quantité de puissance motrice par l'intermédiaire d'une machine qui assure son isolement thermique, il faut encore lui enlever de la chaleur par contact avec un corps extérieur; c'est dans ce sens que l'on peut dire dans tous les cas qu'il y a eu définitivement de la chaleur créée. Deux corps à des températures inégales mis en contact donnent lieu à une chute irréversible de chaleur qui constitue une dépense de puissance motrice; si l'on veut, en employant une machine réversible, remonter du corps froid au corps chaud, la chaleur qui est tombée en sens inverse, on n'arrivera jamais à ramener à la fois les deux corps à leur état initial : si l'un y revient, l'autre sera à une température trop élevée et il faudra le mettre en contact avec un corps extérieur pour lui enlever une certaine quantité de chaleur.

Les expériences précises de Joule ont permis de compléter ce premier énoncé purement qualitatif. Elles ont montré que : *il existe un rapport constant entre la puissance motrice détruite et la chaleur créée; de plus, ce rapport est le même que dans la transformation réversible du travail en puissance calorifique*. Cet énoncé signifie que pour ramener à son état initial un système qui a éprouvé une transformation irréversible, il faut, en employant les unités usuelles du kilogrammètre et de la calorie, lui fournir sous forme de puissance motrice de nature appropriée un nombre de kilogrammètres et lui enlever un nombre de calories qui soient entre eux dans le rapport de 425 à 1.

M. G. Mouret a montré récemment que cette équivalence entre la chaleur créée et la puissance motrice détruite pouvait être déduite d'un principe général assez plausible *a priori* qui n'est que l'extension aux phénomènes irréversibles de la loi démontrée par Carnot pour les phénomènes réversibles. Son énoncé est le même en supprimant seulement la restriction relative à la réversibilité.

La puissance motrice extérieure mise en jeu par tout changement d'un système partiellement isolé ne dépend que de l'état initial et de l'état final de ce système.

On démontre, en partant de là, que le rapport de la chaleur créée au travail détruit est le même dans les transformations réversibles et irréversibles et est le même à toute température.

Puissance motrice des corps isolés. — Toutes les lois énumérées ici s'appliquent à des systèmes complexes, les seuls qui puissent développer de la puissance motrice. Mais l'on peut, et cela est intéressant pour certaines applications, étendre ces lois aux corps isolés. Deux méthodes permettent d'atteindre ce résultat, celle de Sadi Carnot, aujourd'hui classique, qui part de cette remarque que, dans les opérations réversibles faites à l'aide de machine, la machine et les sources de puissance motrice éprouvent à chaque instant des changements égaux et de signe contraire; de telle sorte que les relations numériques relatives aux sources et abstraction faite des machines, qui expriment les lois de conservation de la capacité des puissances motrices et de conservation de la puissance motrice sont immédiatement applicables à la machine, abstraction faite des sources.

Mais on peut suivre encore une marche plus satisfaisante à l'esprit, qui consiste à démontrer que l'expression de la variation de puissance motrice d'un ensemble de corps peut être décomposée en une série de termes se rapportant chacun à l'un des corps et ne dépendant que de l'état initial et de l'état final de chacun d'eux. De telle sorte que, dans le développement de la puissance motrice, chaque corps, pour un changement déterminé qu'il aura éprouvé, interviendra d'une quantité qui sera toujours la même, quels que soient les corps avec lesquels il soit mis en relation et les changements éprouvés par ces corps. On peut donc faire une répartition de la puissance motrice d'un système entre chacun des corps qui le compose et l'on retombe ainsi sur une expression identique à ce que l'on appelle habituellement l'énergie interne du corps.

Mais pour les applications aux phénomènes chimiques, il n'y a pas lieu de faire une semblable distinction : les systèmes complexes réels sont seuls intéressants à considérer.

Résumé. — Nous avons établi que, dans toute transformation réversible d'un système partiellement isolé, c'est-à-dire revenu finalement à un volume, une entropie, une quantité d'électricité identique à celle de son état initial, la puissance motrice échangée avec l'extérieur a pour expression

$$\omega_1 - \omega_0 = \int \sum \Big[(f' - f)_{,} m' dl' + (u' - u)_{,} m' du' + (p' - p)\, dv' + 0{,}102 (e' - e)\, di'' + 425 (t'' - t) \frac{dq''}{t''} \Big],$$

le signe Σ s'étendant aux différents corps du système, moins un, et le signe $\int$ aux transformations successives de l'ensemble des corps réunis sous le signe précédent.

Cette variation de puissance motrice est nulle pour les transformations réversibles suivantes :

1° Pour toute transformation réversible d'un système *totalement* isolé *sans retour* à l'état initial

$$\omega_1 - \omega_0 = 0;$$

2° Pour toute transformation réversible, d'un système *partiellement* isolé *après retour* à l'état initial.

Dans le cas de transformations irréversibles, la puissance motrice diminue, et il faut, pour ramener à *son état initial* le système qui a éprouvé la transformation irréversible, céder par contact à un corps extérieur une quantité de chaleur et emprunter à un second système partiellement isolé une quantité de puissances motrices qui sont équivalentes entre elles

$$\omega_1 - \omega_0 = 425\,Q.$$

II.

PHÉNOMÈNES CHIMIQUES.

Pour pouvoir étendre aux phénomènes chimiques les lois fondamentales de l'Énergétique, il faut d'abord démontrer :

1° Qu'ils peuvent développer de la puissance motrice;

2° Qu'ils peuvent, dans certaines conditions, s'effectuer par voie réversible.

Ils peuvent développer de la puissance motrice, car un grand nombre de réactions chimiques s'effectuent spontanément, et, d'autre part, toutes les réactions chimiques sont accompagnées de changements de température, pression ou force électromotrice, qui peuvent être utilisées directement comme sources de puissance motrice. C'est la combinaison du charbon avec l'oxygène qui fournit la chaleur à la machine à vapeur, la combustion du gaz qui donne la pression motrice dans le moteur à gaz, l'oxydation du zinc dans la pile qui fournit l'électricité. Enfin, les réactions chimiques peuvent être réalisées en sens inverse par une dépense de puissance motrice : décomposition de l'eau par électrolyse, dissociation du carbonate de chaux par élévation de température, du bioxyde de baryum par changement de pression.

Les phénomènes chimiques peuvent s'effectuer par voie réversible; c'est la découverte capitale de Sainte-Claire Deville, qui a reconnu que toutes les réactions chimiques qui devenaient réversibles dans certaines conditions de pression et de température donnaient lieu à ce qu'il a appelé des phénomènes de *dissociation*. La définition que l'on donne habituellement de la réversibilité dans les phénomènes chimiques peut sembler, à première vue, différente de celle qui a été donnée au début de cette étude; il est facile de montrer qu'au fond elles reviennent au même. On dit habituellement qu'une réaction chimique est réversible quand on peut provoquer sa réalisation dans un sens ou dans l'autre par un changement infiniment petit des conditions actuelles de pression, température et force électromotrice. Il est évident que cette modification des conditions peut être obtenue avec une dépense infiniment petite de puissance motrice. Soit en effet un système chimique à la température t_0 en présence d'un milieu indéfini à la même température; q la chaleur latente de réaction mise en jeu dans la transformation chimique du système qui se produit quand la température s'élève de t_0 à $t_0 + \Delta t$; la puissance motrice à dépenser pour provoquer la même transformation a pour expression, comme on le verra plus loin,

$$\int_{t_0}^{t_0+\Delta t} \frac{q}{\Delta t} \frac{t - t_0}{t} dt = \tfrac{1}{2} q \frac{\Delta t}{t_0},$$

qui est un infiniment petit par rapport à la quantité de chaleur q fournie. Les expériences de Sainte-Claire Deville prouvent donc bien que les réactions chimiques peuvent donner lieu à des phénomènes de réversibilité et d'équilibre suivant le sens donné ici à ces mots.

Il est, par suite, permis de penser que les phénomènes chimiques obéissent aux lois générales qui régissent les transformations de la puissance motrice : l'expérience l'a pleinement confirmé.

Première loi de conservation des capacités de puissance motrice. — Cette loi, dans le cas des phénomènes chimiques, constitue la loi de *conservation de la masse* de Lavoisier. Une réaction chimique ne peut se produire et, par suite, développer de la puissance motrice sans que la masse individuelle des corps en présence varie, mais leur masse totale reste invariable. C'est donc exactement le pendant des lois relatives aux variations de volume, de quantité d'électricité, d'entropie. Cette analogie a été signalée pour la première fois par M. Meyerhoffer.

La loi de conservation de la masse joue un rôle capital en Chimie; c'est de sa découverte que date l'existence de la Chimie en tant que science. Elle a permis seule de faire des analyses chimiques complètes, en dosant par différence les corps que l'on ne peut peser directement; elle a conduit ainsi à la découverte de la loi des proportions définies et de la loi d'équivalence; elle a rendu possible la détermination précise des poids proportionnels qui sont tous obtenus à l'aide d'analyses faites par différence.

Deuxième loi de conservation de la puissance motrice. — Les raisonnements de Carnot sont applicables aux phénomènes chimiques dans tous les cas où ils peuvent s'effectuer par voie réversible. Toutes les lois déduites de l'impossibilité de créer de la puissance motrice sont immédiatement utilisables. Ces lois devraient conduire à une expression de la puissance chimique en fonction de la variation de masse et d'une force chimique de même forme que pour les autres puissances motrices :

$$X\,dm + X'\,dm' + \ldots$$

ou

$$(X' - X)\,dm' + (X'' - X)\,dm'' + \ldots.$$

Mais cela est impossible, parce que nous ne savons pas actuellement mesurer la force chimique en fonction d'un étalon de même nature; il faudrait, pour cela, en opérant comme dans le cas de la température, de la force, etc., pouvoir transformer par voie réversible un corps quelconque en un autre corps arbitrairement choisi comme étalon, c'est-à-dire savoir effectuer la transmutation des corps, ce dont nous sommes encore loin. Malgré cela, on pourra appliquer utilement la loi de conservation de la puissance motrice aux phénomènes chimiques en suivant une voie détournée et plus compliquée, qui consistera à transformer au préalable la puissance chimique en puissance calorifique, électrique, mécanique, dont nous savons effectuer la mesure directe.

La méthode suivie est analogue à celle que l'on emploierait pour étudier la force vive si l'on ne savait pas mesurer la vitesse. On ramènerait au repos relatif les corps en présence en interposant entre eux des ressorts qui seraient bandés; on mesurerait le travail ainsi développé et l'on partirait de cette mesure de la puissance motrice du système en mouvement pour lui appliquer la loi de conservation.

Mais quelques-unes des applications des lois de l'Énergétique à la Chimie ne nécessitent pas cette mesure préalable de la puissance motrice; on commencera par leur exposé.

1° *Des conditions déterminantes de l'équilibre chimique. — Les seules conditions dont la variation puisse altérer l'état d'équilibre d'un système chimique sont celles dont la variation exige une consommation de puissance motrice.*

Pour le démontrer, supposons qu'en changeant une des conditions d'un système chimique actuellement en équilibre, cet état d'équilibre cesse d'exister. Il va se produire une réaction spontanée qui développera de la puissance motrice; ramenons la condition en question à son état initial, la réaction va se produire en sens inverse en fournissant une nouvelle quantité de puissance motrice. Il y aura donc eu création de puissance motrice sans aucune dépense corrélative, puisque l'on suppose que les changements de la condition considérée n'entraînaient aucun changement semblable. Or cela est impossible.

Toutes les conditions que l'expérience a montré influer sur l'équilibre chimique satisfont bien à la loi en question. Ces conditions sont :

L'état des corps en réaction;
La condensation individuelle de chacun d'eux;
La température;
La pression;
La force électromotrice;
L'intensité magnétique, etc.

L'*état* des corps en présence fait, par exemple, sentir son influence dans la dissociation de l'hydrate de chlore, qui ne possède pas la *même tension* de dissociation en présence de l'eau solide ou de la glace au-dessous de zéro. Or, il est impossible, au-dessous de zéro, de faire passer la glace à l'état d'eau liquide sans une dépense de puissance motrice, qui sera *fournie* sous forme de travail si l'on procède par vaporisation et condensation à température constante, ou sous forme de chaleur si l'on procède par échauffement et refroidissement à pression constante.

De même, les différents états allotropiques d'un même corps : iodure de mercure, azotate de potasse, ont, en dehors de leur point de transformation, un coefficient de solubilité différent; de même pour les différents hydrates d'un même sel : sulfate de soude, sulfate de chaux, aluminate de chaux, qui ont à une même température chacun un coefficient de solubilité différent. La sursaturation n'est que la saturation relative à un état du sel qui n'est pas le plus stable dans les conditions actuelles de température.

La *condensation* de tous les corps sans aucune exception qui interviennent dans une réaction donnée est une des conditions déterminantes de l'état d'équilibre. Si dans l'eau, au contact de cristaux d'hydrate de chlore, on vient à faire dissoudre un sel, ce qui diminue la condensation de l'eau, on modifie immédiatement l'état d'équilibre de ce composé, modification qui se manifeste par un accroissement de la tension du chlore.

Dans la décomposition des sels par l'eau, l'état d'équilibre n'est pas fonction seulement de la quantité d'acide libre renfermé dans un volume donné de la dissolution; il dépend aussi de la quantité de sel dissous : tel est le cas de la décomposition du sulfate de mercure, du chlorure d'antimoine par l'eau.

Le rôle de la température et de la pression dans les phénomènes d'équilibre chimique sont trop connus pour qu'il y ait lieu d'y insister.

Le magnétisme paraît influer sur les transformations allotropiques du fer.

Les actions de présence, au contraire, c'est-à-dire *celles des corps qui reviennent finalement à leur état initial*, n'ont aucune influence sur l'état d'équilibre. Leur seul rôle, analogue à celui de l'huile dans les organes mécaniques des machines, est d'atténuer l'influence des résistances passives qui s'opposent au retour vers l'état d'équilibre d'un système chimique hors d'équilibre.

Telle est l'action de la mousse de platine, des ferments et microbes, de certains agents chimiques, tels que le bioxyde d'azote dans la fabrication de l'acide sulfurique, du chlorure de cuivre dans la fabrication de l'acide chlorhydrique par le procédé Deacon.

On peut affirmer en toute certitude que l'on ne trouvera jamais, ce qui a été souvent cherché, un microbe ou une cellule vivante capable de provoquer par sa seule action de présence la synthèse de l'*urée* aux dépens du carbonate d'ammoniaque et de l'eau, parce que l'on connaît déjà un ferment provoquant la réaction inverse. Trouver un semblable ferment serait la découverte du mouvement perpétuel; il suffirait, en effet, d'avoir deux systèmes semblables entre lesquels on échangerait alternativement les microbes, ce qui ne dépenserait aucun travail : on provoquerait simultanément les deux réactions inverses, l'une avec dégagement, l'autre avec absorption de chaleur. On obtiendrait donc, en partant d'un milieu à température uniforme, une source chaude et une source froide qui pourraient être ramenées à leur température initiale en produisant du travail par l'intermédiaire d'une machine, et l'on recommencerait ainsi indéfiniment.

Dans certaines opérations industrielles, fabrication de l'acide sulfurique, de l'acide chlorhydrique, il est incontestable, au point de vue pratique, que les actions de présence employées permettent d'obtenir un meilleur rendement, une réaction plus complète. Dans le procédé Deacon, on arrive, grâce à l'emploi d'un sel de cuivre, à décomposer 80 pour 100 de l'acide chlorhydrique, tandis qu'en son absence on n'en décomposerait que 40 pour 100. La raison de ce fait paradoxal à première vue est que le sel de cuivre permet d'obtenir la réaction de l'oxygène sur l'acide chlorhydrique à la température de 450°, tandis qu'en son absence la réaction ne serait possible qu'au-dessus de 800°. Or, la température est une des conditions déterminantes les plus importantes de l'état d'équilibre et la réaction considérée ici est d'autant plus complète que la température est plus basse. Ce n'est donc que d'une façon indirecte en permettant d'abaisser la température que le sel de cuivre augmente le rendement en chlore du procédé Deacon.

2° *De l'équivalence des systèmes chimiques.* — *Deux systèmes en équilibre avec un troisième sont en équilibre entre eux et réciproquement.* — Cette loi, qui n'est que la généralisation de la loi du point triple de Thomson, est encore une conséquence immédiate de l'impossibilité de créer de la puissance motrice; elle résulte de ce que, comme on l'a établi plus haut, la puissance motrice développée dans une transformation réversible d'un système matériel est indépendante des états intermédiaires de la transformation. Que l'on réalise une transformation directement ou en passant par un troisième état intermédiaire, la puissance motrice sera la même. Si un troisième état est isolément en équilibre avec les deux autres, c'est-à-dire s'il peut se transformer dans les deux directions sans dépenser ni développer de puissance motrice, il en sera nécessairement de même dans la transformation directe des deux états extrêmes l'un dans l'autre.

Comme exemple des applications de cette loi, on peut signaler l'égalité des tensions de vapeur et de dissociation, des coefficients de solubilité des corps à leur point de fusion, de transformation allotropique, de déshydratation. Ainsi l'eau et la glace à 0° ont la même tension de vapeur; l'azotate d'ammoniaque à ses points de transformation dimorphique, les mêmes coefficients de solubilité; le sulfate de soude anhydre et décahydraté, le même coefficient de solubilité à 33°. L'hydrate de chlore a la même tension de dissociation au contact de l'eau et de la glace à 0°.

Expression de la puissance chimique. — Pour les autres applications de la loi de conservation de la puissance motrice aux phénomènes chimiques, il faut avoir une expression de la puissance chimique en fonction de grandeurs mesurables par l'expérience. Cette puissance motrice dépend d'ailleurs non seulement de l'état chimique final auquel le système arrive, mais aussi de l'état physique final. On considérera seulement le cas où l'état final est l'état d'équilibre chimique correspondant aux tensions initiales p_0, t_0, e_0. Soient A_0 et A_1 les deux états extrêmes de la réaction; par exemple A_0 sera, dans la dissociation de l'acide carbonique, le mélange d'oxyde de carbone et d'oxygène, A_1 l'acide carbonique. On appellera m la proportion du corps A_1 formé rapportée à la quantité qui s'en formerait dans le cas où la réaction serait complète, c'est-à-dire que le maximum de m sera l'unité.

Pour faire le calcul de la puissance motrice, on supposera qu'il est possible de faire varier la pression, la température, la force électromotrice en laissant à volonté les réactions chimiques qui tendent à se produire s'effectuer ou non. Cela est possible dans certains cas; on admettra par induction que les résultats obtenus sont applicables à toutes les réactions chimiques.

Soit donc un système pris actuellement sous les tensions p_0, t_0, e_0 en relation avec un milieu indéfini à mêmes tensions. On fera successivement les deux opérations suivantes : on amènera le système chimique à des tensions p_1, t_1, e_1 auxquelles il serait en équilibre avec sa composition actuelle sans laisser aucune réaction chimique se produire, puis on le ramènera à ses tensions initiales en laissant les réactions chimiques se produire. La puissance motrice développée dans cette suite de transformations toutes réversibles donnera précisément la mesure cherchée de la puissance chimique. On donnera la démonstration dans le cas où une seule des tensions aura varié, la température par exemple, c'est-à-dire que l'état d'équilibre atteint correspondra à des pressions et forces électromotrices identiques à celles du système initial.

La puissance motrice échangée aura pour expression, en supposant la chaleur empruntée au milieu,

$$\int_{t_0}^{t_0} dq \, \frac{t - t_0}{t}.$$

Les quantités de chaleur qui doivent être fournies au système peuvent se décomposer en deux parties, les unes relatives à la portion du système qui n'éprouve pas de transformation chimique; elles se compensent exactement à l'échauffement et au refroidissement : il n'y a donc pas à en tenir compte; les autres relatives au corps en transformation chimique se composent de deux parties :

la chaleur de réaction proprement dite et la chaleur d'échauffement des corps en réaction.

Appelons L la chaleur latente de réaction de la quantité totale de matière, mesurée sous tensions constantes à la température t;

m la quantité relative de matière transformée à une température quelconque t;

c_1, c_0 les chaleurs spécifiques des corps en réaction, qui sont liées, comme on le démontre en partant du principe de l'état initial et final donné plus loin, à la chaleur latente de réaction par la formule

$$c_1 - c_0 = \frac{dL}{dt}.$$

Nous aurons, pour un échauffement dt à partir de la température t, à dépenser une quantité de chaleur : en montant de t_0 à t_1

$$+ c_1 dt$$

en descendant de t_1 à t_0

$$- m c_0 dt - (1 - m) c_1 dt + L \frac{dm}{dt} dt,$$

soit au total

$$\left(m \frac{dL}{dt} + L \frac{dm}{dt}\right) dt = d(mL),$$

ce qui donne pour la puissance motrice chimique

$$\int_{t_0}^{t_1} d(mL) \left(\frac{t - t_0}{t}\right) = 0.$$

Dans le cas où la suite des transformations effectuées aurait été dirigée vers un état d'équilibre correspondant à des tensions p_2, t_2, c_2 différentes toutes trois des tensions initiales, un calcul identique au précédent, mais plus compliqué seulement par le fait de la présence des trois variables, conduirait à l'expression générale de la puissance chimique

$$\int_0^2 425 d(mL) \frac{t - t_0}{t} + d(m p V) \frac{p - p_0}{p} + 0,102 d(m e l) \frac{e - e_0}{e}.$$

Dans le cas où le système chimique est très voisin de l'état d'équilibre, c'est-à-dire que $t_2 - t_0$, $p_2 - p_0$, $c_2 - c_0$ sont des infiniment petits, ce qui permet de poser

$$\frac{m - m_0}{\Delta m} = \frac{t - t_0}{\Delta t} = \frac{p - p_0}{\Delta p} = \frac{e - e_0}{\Delta e},$$

l'expression de la puissance chimique se réduit à

$$\tfrac{1}{2}\Delta m\left(425\,\mathrm{L}\,\frac{\Delta t}{t}+p\mathrm{V}\,\frac{\Delta p}{p}+0{,}102\,e\mathrm{I}\,\frac{\Delta e}{e}\right).$$

La parenthèse de cette expression n'est autre que la différentielle de la fonction caractéristique H′ de M. Massieu.

3° *Du sens du déplacement de l'équilibre chimique.* — On considère généralement comme une conséquence nécessaire de l'équilibre chimique que toute transformation produite par un changement d'une des conditions déterminantes de l'équilibre disparaît quand on ramène cette condition à sa grandeur primitive; en réalité, cette propriété n'appartient qu'à l'équilibre stable, mais nous ne connaissons en Chimie que des équilibres stables; pratiquement, cette propriété appartient à tous les faits d'équilibre susceptibles d'être étudiés expérimentalement. La condition évidente de stabilité est que le retour vers l'état initial d'un système dont l'état chimique a été seul modifié, les tensions étant les mêmes, corresponde à un dégagement d'une quantité positive de puissance motrice. On déduit de cette condition la loi suivante pour le sens du déplacement de l'équilibre chimique.

Toute variation d'une des conditions déterminantes de l'équilibre produit une transformation chimique du système qui tend à amener une variation de sens inverse de la condition considérée, c'est-à-dire que toute élévation de température d'un système actuellement en équilibre produira une réaction avec absorption de chaleur, toute élévation de pression une réaction avec diminution de volume, etc.

Il n'y a qu'à écrire que l'expression de la puissance motrice donnée plus haut est positive, soit, suivant le cas considéré,

$$\Delta m\,\frac{\mathrm{L}\Delta t}{t}>0,\qquad \Delta m\,\mathrm{V}\,\Delta p>0,\qquad \Delta m\,\mathrm{I}\,\Delta e>0.$$

Les applications expérimentales de cette loi sont nombreuses.

Influence de l'élévation de température à pression constante. Elle produit, pour tous les corps, un accroissement de fusion et de vaporisation; un accroissement de dissociation des composés exothermiques (acide carbonique, eau, iodure de mercure, carbonate de chaux, bioxyde de baryum, oxyde d'argent, etc.); une diminution de dissociation des composés endothermiques qui doivent être d'autant plus stables que la température est plus élevée (oxyde de carbone, hydrogène sélénié, etc.); un accroissement de solubilité de la plupart des sels, qui se dissolvent en général, avec absorption de chaleur; une diminution de solubilité de quelques corps dont la dissolution dégage de la chaleur (hydrate de chaux, sulfate de thorium, gypse au-dessus de 35°, sulfate de soude anhydre, isobutyrate de chaux, etc.).

L'état d'équilibre des systèmes dont la transformation ne dégagerait pas de chaleur serait indépendant de la température. Cette condition est à peu près réalisée par la dissociation de l'acide iodhydrique; la solubilité du chlorure de sodium, exactement par la solubilité du gypse à 35°, etc.

Toute augmentation de pression produit une diminution de la dissociation des composés formés avec contraction : tels l'acide carbonique, tels surtout les corps solides formés aux dépens d'un gaz; dissociation du carbonate de chaux, du bioxyde de baryum; la fusion de la glace et la transformation de l'iodure d'argent hexagonal en iodure cubique peuvent être obtenues par une simple augmentation de pression. L'acétylène qui se forme sous la pression ordinaire dans les combustions incomplètes des composés organiques se transforme dans la combustion en vase clos des explosifs en carbone et formène.

4° *De l'équilibre isochimique à condensation constante.* — Pour qu'un système en équilibre sous les tensions p, t, e soit encore en équilibre sous les tensions $p + \Delta p$, $t + \Delta t$, $e + \Delta e$, il faut et il suffit que l'expression

$$425\,\mathrm{L}\,\frac{\Delta t}{t} + p\mathrm{V}\,\frac{\Delta p}{p} + 0{,}109\,c\mathrm{l}\,\frac{\Delta e}{e} = 0$$

soit nulle afin que la puissance motrice correspondant à un changement chimique Δm soit un infiniment petit du second ordre. Il est facile de voir qu'en supprimant le terme relatif à l'électricité on retombe sur la formule de Clapeyron pour les tensions de vapeur; en supprimant le terme relatif au volume, on retombe sur la formule de Helmholtz pour les piles. Mais l'équation obtenue est beaucoup plus générale que les deux applications particulières rappelées ici. Elle s'applique encore au cas où un gaz inerte se trouve au contact du corps qui se vaporise ou se dissocie, et surtout au cas beaucoup plus important du système homogène en équilibre. Elle permet par exemple, connaissant le degré de dissociation de l'acide carbonique sous une pression et une température données, de calculer rigoureusement toute la série de pressions et températures correspondantes pour lesquelles le degré de dissociation sera le même, en supposant connue à toute température la valeur de la chaleur latente de réaction L.

Enfin, si la réaction chimique se fait sans changement de volume, l'état d'équilibre sera indépendant de la pression. Ce cas est sensiblement réalisé dans la dissociation de l'acide iodhydrique.

5° *De l'équilibre à tension fixe et condensation variable.* — Les lois précédentes établissent des relations absolument rigoureuses entre des grandeurs directement mesurables par l'expérience; la loi qui va être établie est encore rigoureuse, mais elle donne des relations entre des grandeurs qui ne sont pas directement mesurables par l'expérience. Elle présente néanmoins une très grande importance parce qu'il est possible de rattacher empiriquement ces grandeurs à la condensation des différents corps entrant dans le mélange et d'obtenir ainsi une relation approchée relative à ces condensations, c'est-à-dire à ce que l'on appelle l'action de masse.

Pour soumettre au calcul les mélanges de composition variable, il faut d'abord établir que l'on peut isoler par voie réversible les différents corps d'un mélange et les amener finalement à un état où la dépense totale de puissance motrice nécessitée par la séparation de chacun d'eux soit nulle ou tout au moins soit exactement connue. Cette séparation peut, au moins théoriquement, être facilement effectuée dans certains cas; on admettra par induction qu'elle est dans tous les cas possible.

Soient, par exemple, de l'acide carbonique, de l'oxyde de carbone et de l'oxygène à l'état d'équilibre chimique; nous pourrons les faire sortir en absorbant l'acide carbonique par de la chaux, l'oxyde de carbone par du nickel ou du chlorure cuivreux, l'oxygène par de la baryte ou de l'iridium, et en décomposant ensuite les corps ainsi formés. Pour faire cette opération par voie réversible, on pourra, par exemple, détendre le mélange à température constante sans laisser aucune réaction se produire, de façon à l'amener à une pression pour laquelle la chaux, par exemple, sera en équilibre avec l'acide carbonique qu'il renferme; ce gaz pourra alors être absorbé par voie réversible; on isolera le carbonate de chaux fourni et on le décomposera par voie réversible en diminuant la pression. Ceci fait, on ramène le mélange à sa pression initiale et le gaz isolé à la pression que l'on désire. Il est toujours possible de choisir cette pression de façon que la somme de la puissance motrice dépensée soit nulle. Cette puissance motrice dépend évidemment de la pression du milieu dans lequel se trouvent les corps considérés; mais, dans l'application en vue ici, l'intervention du milieu s'annule finalement dans les formules. On supposera que ce milieu a une tension nulle, de façon à pouvoir dès le début en faire abstraction.

Le procédé indiqué ici pour sortir un corps d'un mélange par voie réversible n'est évidemment pas le seul que l'on puisse envisager. On peut séparer certains corps en les faisant cristalliser par refroidissement ou compression; on peut encore admettre, comme l'a fait M. Van t'Hoff, l'existence de parois semi-perméables qui ne laisseraient passer qu'un seul corps, mais ce dernier procédé a l'inconvénient de recourir à une hypothèse absolument contraire à la réalité des faits. Une membrane de caoutchouc dissout, il est vrai, en plus grande quantité l'acide carbonique que l'hydrogène et, par suite, laisse plus rapidement passer le premier gaz; mais, si l'on attend assez longtemps pour atteindre l'état d'équilibre, condition indispensable des opérations réversibles, la proportion des deux gaz qui a traversé la membrane de caoutchouc est exactement la même. Faire reposer tout le raisonnement sur une propriété qui est exactement le contre-pied de celles qui appartiennent au corps réel est évidemment peu satisfaisant. En s'appuyant sur les phénomènes de vaporisation ou de dissociation, on évite toute objection de cette nature.

Étant démontré qu'il est possible, par des artifices convenables, de faire sortir sans dépense de puissance motrice un corps quelconque d'un mélange, il est facile d'établir par une méthode due à M. Van t'Hoff une relation entre les pressions de ces corps isolés qui doit être satisfaite pour tous les mélanges en équilibre chimique sous des tensions (pression totale, température) déterminées.

Soient deux mélanges de composition différente qui soient isolément en équilibre chimique.

Soit l'équation de la réaction chimique

$$nA = n'B + n''C,$$

où A, B, C sont les symboles représentatifs des poids moléculaires des corps en réaction ; n, n', n'' le nombre de ces poids moléculaires. Par exemple, pour la dissociation de l'acide carbonique, l'équation sera

$$1\,CO^2 = 1\,CO + 0,5\,O^2.$$

Pour écrire que ces systèmes sont en équilibre, il suffit d'écrire qu'une transformation chimique, à partir de leur état actuel, exige une dépense infiniment petite de puissance motrice. L'artifice employé par M. Van t'Hoff pour effectuer cette transformation chimique consiste à enlever à l'un des systèmes une certaine quantité des corps en réaction, de l'acide carbonique par exemple, et à le verser dans l'autre, et inversement, à enlever au second système une quantité équivalente des autres corps en réaction, l'oxyde de carbone et l'oxygène, pour les verser dans le premier, de telle sorte que la somme totale des éléments contenus dans chaque système est reste invariable ; le résultat est le même que s'ils avaient éprouvé chacun une transformation chimique égale et de signe contraire. Seulement, le procédé détourné suivi permet la mesure de la puissance motrice.

Si l'on appelle p_0, p'_0, p''_0 et p_1, p'_1, p''_1 les pressions des différents corps sortis des deux mélanges par voie réversible et sans dépense de puissance motrice, v, v', v'' les volumes moléculaires de ces mêmes corps isolés, mesurés chacun sous leur pression, il est facile de voir que la dépense totale de puissance motrice nécessaire, qui doit être nulle pour qu'il y ait équilibre, se réduira à

$$n\int_{p_0}^{p_1} p\,dv - n'\int_{p'_0}^{p'_1} p'\,dv' - n''\int_{p''_0}^{p''_1} p''\,dv'' = 0,$$

relation qui ne pourra être utilisée qu'après avoir établi expérimentalement la relation qui existe entre ces pressions et la composition des mélanges considérés, c'est-à-dire en s'appuyant sur des lois empiriques qui ne peuvent être qu'approchées.

On ne connaît encore cette relation d'une façon à peu près satisfaisante que dans le cas des mélanges de gaz parfaits. Si nous définissons *la composition du mélange* par le rapport du nombre de molécules de chaque corps au nombre total de molécules du mélange, rapport que l'on appellera la concentration ou condensation du corps considéré, on a, d'après la loi du mélange des gaz parfaits, la relation

$$\frac{p}{P} = C, \qquad \frac{p'}{P} = C', \qquad \frac{p''}{P} = C'',$$

en appelant P la pression totale du mélange.

L'équation ci-dessus peut, en tenant compte des lois de Mariotte et de Gay-Lussac, être mise sous la forme

$$Rt\left(\text{Log nép}\,\frac{p^n}{p_1'^{n'}\,p_1''^{n''}} - \text{Log nép}\,\frac{p_0^n}{p_0'^{n'}\,p_0''^{n''}}\right) = 0,$$

ou, en remplaçant p en valeur de C, ..., et supprimant le facteur commun Rt,

$$\text{Log nép}\,\frac{C^n}{C_1'^{n'}\,C_1''^{n''}} - \text{Log nép}\,\frac{C_0^n}{C_0'^{n'}\,C_0''^{n''}} = 0,$$

c'est-à-dire la formule bien connue

$$\frac{C^n}{C'^{n'}\,C''^{n''}} = \text{const.}$$

Si l'on combine cette relation avec celle de l'équilibre isochimique qui a été donnée plus haut, après l'avoir modifiée en tenant compte des lois de Mariotte et de Gay-Lussac, on obtient la relation générale d'équilibre chimique des systèmes gazeux

$$(n - n' - n'')\,\text{Log nép}\,P + \text{Log nép}\,\frac{C^n}{C'^{n'}\,C''^{n''}} + 500\int\frac{L\,dt}{t^2} = \text{const.},$$

équation seulement approchée parce qu'elle s'appuie sur les lois de Mariotte, de Gay-Lussac et celles du mélange des gaz, mais dont l'approximation cependant est, en raison de l'assez grande exactitude de ces lois empiriques, infiniment supérieure à la précision que comportent les expériences sur les équilibres chimiques. Au point de vue des usages pratiques, cette relation a donc la même valeur que les relations rigoureuses établies précédemment, autant du moins que l'on ne dépasse pas les pressions d'une dizaine d'atmosphères au delà desquelles la loi de Mariotte se trouverait en défaut. On peut, par exemple, au moyen de cette formule calculer quelle sera la dissociation de l'acide carbonique pour des pressions et des températures quelconques en partant d'une seule mesure de dissociation. La courbe ci-dessous résume les résultats calculés en partant de l'expérience de Sainte-Claire Deville, sur la flamme du chalumeau à gaz tonnant CO + O qui fournit les données suivantes :

$$P = 1 \text{ atmosphère},$$
$$t = 3000^\circ + 273,$$

$$\left.\begin{array}{l} C \text{ de } CO^2 = 0{,}5 \\ C' \text{ de } CO = 0{,}33 \\ C'' \text{ de } O^2 = 0{,}17 \end{array}\right\} \text{coefficient de dissociation } X = \frac{C'}{C + C'} = 0{,}4.$$

Fig. 1.

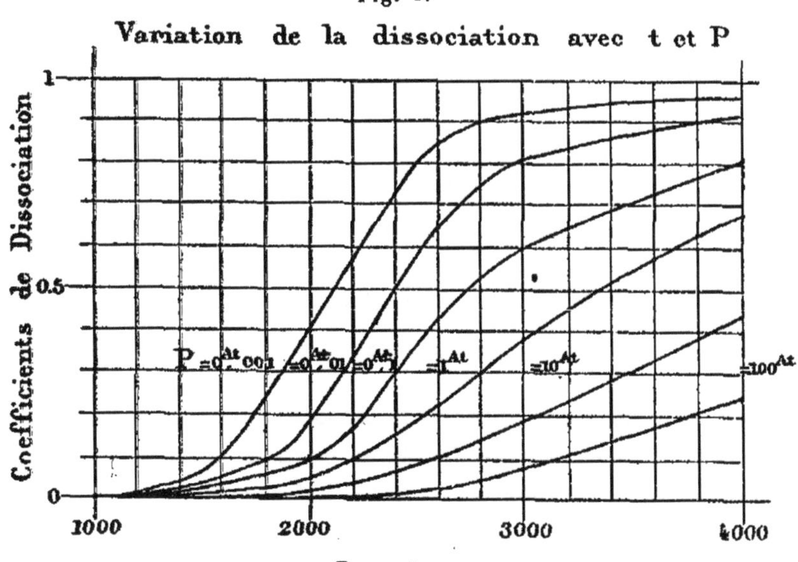

La même formule permet encore, connaissant la force électromotrice sous laquelle l'eau est dissociable à la température ordinaire, c'est-à-dire peut être électrolysée d'une façon réversible, de calculer la température à laquelle elle se dissociera sans l'intervention de l'électricité, etc.

On peut traiter par une méthode semblable l'influence de la condensation dans les systèmes liquides ou dissolutions. On remarquera seulement, dans ce cas, que les corps sortis du mélange peuvent être amenés sans dépense de puissance motrice à deux états différents, soit à l'état de gaz, soit à l'état de liquide. Si l'on a établi par l'expérience la relation qui existe entre la composition du mélange et la pression de la vapeur (loi des tensions de vapeur des solutions) ou la pression du liquide (loi des tensions osmotiques), on pourra, en partant de l'équation de Van t'Hoff, établir, comme on l'a fait pour les mélanges gazeux, une relation numérique entre les condensations qui correspondent à l'état d'équilibre sous les tensions fixes.

Mais ces lois des tensions de vapeur ou des tensions osmotiques sont très complexes et encore presque totalement inconnues; on admet provisoirement dans tous les calculs faits sur ce sujet des lois hypothétiques simples qui ne se vérifient approximativement que pour les solutions très diluées de quelques composés organiques, de sorte que les lois de condensation que l'on en déduit ne présentent aucune garantie d'exactitude et ne sauraient, par conséquent, être rapprochées des lois de l'Énergétique proprement dite. Elles sont néanmoins intéressantes pour l'expérimentateur parce qu'elles lui donnent une indication au moins qualitative sur la marche des phénomènes qu'il étudie.

1° *Loi hypothétique des tensions de vapeur :*

$$f = \mathrm{CF}.$$

f tension de la vapeur émise par la dissolution du corps considéré; F tension de vapeur saturée du même corps à l'état liquide et pur; C condensation du même corps dans la dissolution.

2° *Loi hypothétique des tensions osmotiques,* qui est une conséquence nécessaire de la précédente,

$$\frac{\mathrm{P}}{\mathrm{D}} = \frac{\mathrm{F}}{\mathrm{D}}(1 - \mathrm{C}).$$

P tension osmotique;
D poids spécifique de la dissolution;
D' poids spécifique de la vapeur d'eau à la même température.

On déduit de l'une ou l'autre de ces relations la loi de condensation identique à celle des mélanges gazeux

$$\frac{C^n}{C'^{n'} C''^{n''}} = \text{const.};$$

et, en tenant compte de la loi d'isodissociation, mais en négligeant le changement de volume toujours très petit dans les réactions entre corps liquides ou solides,

$$\text{Log nép} \frac{C^n}{C'^{n'} C''^{n''}} + 500 \int \frac{L\, dt}{t^2} = \text{const.},$$

qui, dans le cas d'un corps solide se dissolvant pour former une dissolution, donne la loi de solubilité, ou d'abaissement, du point de congélation

$$\text{Log nép}\, C + 500 \frac{L\, dt}{t^2} = \text{const.},$$

C étant la concentration du sel dans un cas et de l'eau dans l'autre.

Ces lois approchées pour certains composés organiques sont complètement en défaut dans le cas des solutions aqueuses; pour rétablir l'accord approché, au moins dans le cas des solutions diluées, il faut multiplier les poids moléculaires dont dépendent les valeurs de C et n par des coefficients arbitraires que l'on détermine en partant d'expériences sur un quelconque des phénomènes d'équilibre relatifs à la condensation, généralement en partant des abaissements du point de congélation. Les formules empiriques auxquelles on arrive ainsi ne se rattachent que de tellement loin aux lois de l'Énergétique qu'il n'y a pas lieu d'y insister plus longtemps ici.

Il faut seulement retenir de cette discussion ce fait que le résultat cherché peut, en théorie, être indifféremment obtenu en partant d'une loi expérimentale reliant la tension de vapeur ou la tension osmotique à la condensation. Aujourd'hui, ce sont les tensions osmotiques qui jouissent de la plus grande faveur, mais c'est là une erreur contre laquelle il est important de réagir. Le seul motif qui doive faire préférer l'une ou l'autre de ces méthodes est le plus ou moins grand degré de précision que comportent les expériences relatives soit aux tensions de vapeur, soit aux pressions osmotiques; il est bien certain que les tensions de vapeur seules peuvent actuellement à ce point de vue donner un résultat quelconque.

La vogue dont jouissent aujourd'hui les tensions osmotiques tient à deux causes : en premier lieu, elles ont été employées par M. Van t'Hoff dans ses Mémoires classiques sur la dynamique chimique, ce qui a fait croire qu'elles étaient un intermédiaire indispensable pour établir les formules données par ce savant; en second lieu, les expériences qui les concernent sont tellement peu précises que l'on peut se contenter, pour les représenter, de lois simples dont l'inexactitude ne peut être démontrée. On n'a pas la même latitude avec les tensions de vapeur qui comportent des mesures plus précises et ont déjà été l'objet d'expériences nombreuses.

3° *Loi de conservation de l'énergie.* — Cette loi s'applique encore aux phénomènes chimiques, comme l'ont montré les expériences de Favre sur la pile. Son énoncé est le même : *Dans toutes les transformations chimiques irréversibles, la chaleur totale créée après retour à l'état initial est équivalente à la puissance motrice détruite.* Une conséquence particulière de cette loi constitue le principe fondamental de la Thermochimie dit *principe de l'état initial et final;* il s'énonce ainsi :

La quantité totale de chaleur dégagée dans une succession de réactions chimiques ne dépend que de l'état initial et final du système, pourvu que la puissance motrice développée dans les deux séries de transformations soit la même. Pour le démontrer, il suffit de ramener par la pensée le système à son état initial par une suite de transformations qui sera toujours la même et d'écrire que la somme totale des quantités de chaleur et de puissance motrice mises en jeu est nulle. Il en résulte que la quantité de chaleur dégagée est égale et de signe contraire à une somme de grandeurs dont chacune d'elles est, par hypothèse, entièrement déterminée; elle l'est donc elle-même aussi. Ce principe de l'état initial et final joue, en Thermochimie, un rôle analogue à celui de la loi de Lavoisier dans la Chimie pondérale; il permet de calculer par différence un grand nombre de chaleurs de réactions qu'il serait impossible de mesurer directement, par exemple, la chaleur de formation de tous les composés organiques.

Dans les mesures calorimétriques usuelles, la condition relative au développement de puissance motrice externe est toujours satisfaite, parce qu'elles sont effectuées toujours à dégagement d'électricité nul, et à pression ou volume constant. A volume constant, la puissance motrice, c'est-à-dire le travail externe, est dans tous les cas nul; à pression constante, il ne dépend que de l'état initial et final du système, c'est-à-dire est dans tous cas le même.

On déduit encore de la loi de conservation de l'énergie une seconde conséquence, c'est que la somme de la quantité de chaleur L mise en jeu dans une transformation directe irréversible et de la quantité de chaleur mise en jeu dans la transformation réversible inverse est nécessairement plus grande que zéro. Dans les cas très fréquents où la seconde de ces quantités de chaleur est très petite, la chaleur directe de réaction est positive. On voit la relation qui existe entre cette conséquence de la loi de conservation de l'énergie et le principe expérimental du travail maximum en Thermochimie.

(Extrait du *Journal de Physique*, 3e série, t. III; juillet-août 1894.)

21183 Paris. — Imprimerie GAUTHIER-VILLARS ET FILS, quai des Grands-Augustins 55.

www.ingramcontent.com/pod-product-compliance
Ingram Content Group UK Ltd.
Pitfield, Milton Keynes, MK11 3LW, UK
UKHW020457230726
13925UKWH00005B/1991

9 782013 455206